■ 锐扬图书/编

混搭 | 风格

U0286950

海峡出版发行集团 | 福建科学技术出版社
THE STRAITS PUBLISHING & DISTRIBUTING GROUP | FUJIAN SCIENCE & TECHNOLOGY PUBLISHING HOUSE

图书在版编目（CIP）数据

混搭风格 / 锐扬图书编. —福州：福建科学技术
出版社，2013.8
　（品位客厅2000例）
　ISBN 978-7-5335-4325-9

　Ⅰ.①混… Ⅱ.①锐… Ⅲ.①客厅－室内装饰设计－
图集 Ⅳ.①TU241-64

中国版本图书馆CIP数据核字(2013)第170737号

书　　　名　混搭风格
　　　　　　品位客厅2000例
编　　　者　锐扬图书
出版发行　海峡出版发行集团
　　　　　　福建科学技术出版社
社　　　址　福州市东水路76号（邮编350001）
网　　　址　www.fjstp.com
经　　　销　福建新华发行（集团）有限责任公司
印　　　刷　福建彩色印刷有限公司
开　　　本　889毫米×1194毫米　1/16
印　　　张　6.5
图　　　文　104码
版　　　次　2013年8月第1版
印　　　次　2013年8月第1次印刷
书　　　号　ISBN 978-7-5335-4325-9
定　　　价　29.80元
　　　　书中如有印装质量问题，可直接向本社调换

Contents | 目录

混 搭

Contents | 目录

 混 搭

① 仿古砖
② 白枫木搁板
③ 印花壁纸
④ 白色玻化砖
⑤ 灰镜装饰线
⑥ 钢化玻璃
⑦ 白色亚光玻化砖

什么是混搭装修风格

　　所谓"混搭"就是混合搭配的简称，是对英文"Mix & Match"的意译。它包括"混合"和"搭配"两个动词的意义，从字面上理解，就是把看似迥然相异的东西合在一起并使之"匹配"。混搭的流行最早源于时装界，意思是把风格、质地、色彩差异很大的衣服搭配在一起穿，以产生一种与众不同的效果。目前除了时装中混搭肆意流传外，室内家居设计领域也是混搭盛行的一个重要领域。近年来，建筑设计和室内设计在总体上呈现多元化、兼容并蓄的状况。室内布置中也有既趋于现代实用，又吸取传统的特征，在装潢与陈设中融古今中西于一体。

1 黑镜装饰线

2 爵士白大理石

3 米色玻化砖

4 木纹大理石

5 黑色烤漆玻璃

6 仿古砖

7 水曲柳饰面板

8 泰柚木金刚板

❶ 泰柚木饰面板

❷ 印花壁纸

❸ 桦木金刚板

❹ 雕花银镜

❺ 木纹大理石

❻ 泰柚木装饰横梁

❼ 马赛克

❽ 车边茶色玻璃

❾ 米黄洞石

① 爵士白大理石
② 白色玻化砖
③ 装饰银镜
④ 印花壁纸
⑤ 直纹斑马木饰面板
⑥ 肌理壁纸
⑦ 密度板雕花贴清玻璃
⑧ 仿古砖
⑨ 干挂大理石

❶ 黑镜装饰线

❷ 白枫木饰面板

❸ 泰柚木饰面板

❹ 银镜装饰线

❺ 米黄色玻化砖

❻ 印花壁纸

❼ 桦木栅格

❽ 浅灰网纹墙砖

❾ 文化石

❶ 白枫木装饰立柱
❷ 泰柚木格栅
❸ 拓缝密度板
❹ 印花壁纸
❺ 雕花茶色玻璃
❻ 白色玻化砖
❼ 白枫木隔断
❽ 装饰银镜

❶ 条纹壁纸
❷ 仿古砖
❸ 雕花银镜
❹ 仿古砖拼花
❺ 白枫木饰面板
❻ 仿古砖
❼ 羊毛地毯

混搭装修风格有哪些特点

"混搭"不等同于"乱搭","混搭"除了"混",更强调各元素之间搭配的"和谐","混搭"的结果是经过重新整合的具有新鲜生命力的"和谐体"。"混搭"已经弥漫到我们生活的各个角落,它代表了当代人的一种生活方式和一种生活态度。它在向我们传达一种自由的、个性的、无拘无束的理念。混搭要"混"得有道理,只要"混"得有理,就能"搭"出一种乱而不杂、乱中有序的韵味。并且正因为"混"和"搭"之间有无限可能,在挑选家具或者家居产品时,需要观察、思考、想象,把这样的态度延伸到生活中,你可能就会比那些非名牌不选的人更有品位。

❶ 胡桃木饰面板
❷ 拓缝密度板
❸ 米色玻化砖
❹ 桦木格栅吊顶
❺ 桦木金刚板
❻ 车边灰镜
❼ 皮革软包
❽ 肌理壁纸

1 绯红网纹大理石
2 泰柚木金刚板
3 茶色镜面玻璃
4 水曲柳饰面板
5 浅啡网纹大理石
6 木窗棂贴茶色玻璃
7 白色玻化砖
8 中花白大理石
9 米色网纹玻化砖

① 艺术墙贴
② 米色玻化砖
③ 仿古砖
④ 黑镜装饰线
⑤ 白枫木格栅
⑥ 马赛克
⑦ 白枫木搁板
⑧ 银镜装饰线
⑨ 云纹大理石

1 印花壁纸
2 钢化绿玻璃
3 雕花银镜
4 米色网纹玻化砖
5 黑镜装饰线
6 肌理壁纸
7 桦木金刚板
8 艺术墙贴
9 白枫木踢脚线

❶ 木装饰线描银

❷ 条纹壁纸

❸ 泰柚木装饰横梁

❹ 仿古砖拼花

❺ 装饰灰镜

❻ 装饰银镜

❼ 肌理壁纸

❽ 黑胡桃木装饰线

❾ 木纹玻化砖

① 印花壁纸
② 泰柚木金刚板
③ 有色乳胶漆
④ 青砖
⑤ 泰柚木格栅
⑥ 直纹斑马木饰面板

如何体现混搭风格

　　"混搭"的家居，用拼贴、混杂和组合这些名词来形容再适合不过。宽泛理解"混搭"的话，便是多元混合。房子里既有造型独特的西式沙发，又有线条古典的明清坐椅；既有16盏灯泡的仿古水晶灯，又有景德镇的青花瓷瓶。镶着金黄饰边的欧式梳妆台，台面却刻有中式复古的花鸟图案，但看起来又是那么的协调与统一。正如那些历史久远的老公寓，在经过了必要的现代装修之后，新与旧、现代与古典相交融之后产生的复杂而低调的美感，是无与伦比的。

❶ 灰白网纹亚光墙砖

❷ 密度板雕花贴灰镜

❸ 雕花茶玻

❹ 黑胡桃木饰面板

❺ 灰白洞石

❻ 胡桃木金刚板

❼ 白色乳胶漆

❽ 仿古砖

1 肌理壁纸

2 深咖啡色网纹大理石

3 有色乳胶漆

4 仿古砖

5 印花壁纸

6 白色玻化砖

7 木装饰线描银

8 浅灰色亚光墙砖

9 黑晶砂大理石

1 密度板树干造型贴银镜

2 米黄网纹大理石

3 装饰银镜

4 木纹玻化砖

5 黑色烤漆玻璃

6 水曲柳饰面板

7 泰柚木金刚板

8 泰柚木饰面板

9 羊毛地毯

❶ 车边银镜
❷ 印花壁纸
❸ 白色玻化砖
❹ 有色乳胶漆
❺ 米色网纹玻化砖
❻ 胡桃木饰面板
❼ 胡桃木踢脚线

❶ 水曲柳饰面板
❷ 马赛克
❸ 木装饰线贴银镜
❹ 中花白大理石
❺ 水曲柳装饰线
❻ 灰白网纹大理石
❼ 米黄玻化砖
❽ 印花壁纸
❾ 不锈钢条
❿ 灰白洞石
⓫ 白色玻化砖

❶ 印花壁纸
❷ 白枫木饰面板
❸ 米黄大理石
❹ 聚酯玻璃
❺ 泰柚木装饰线
❻ 仿古砖
❼ 浅咖啡色网纹玻化砖

混搭风格装修需要注意哪些问题

　　风格一定要统一并且分清轻重、主次，如果把三种以上的风格混在一起，不但达不到预计的效果，还有可能把房间变得纷杂混乱。要知道，混搭也有混搭的道理，混搭并不等于乱搭。如果是第一次尝试混搭这种风格，最好除了定好主基调以外，再适当搭配一或两种风格即可，而且这两种风格之间的差异不要太大，这样一来，失败的概率就会降到最低了。混搭虽然能为居室空间添上浓墨重彩的一笔，但如果太过于强烈地追求个性化的居室风格，不考虑实用性以及人的居住感受，不但会事倍功半，还会给人带来视觉和心理上的不舒服，这样做便抹杀了居室空间最原始的功能——以人为本。

❶ 雕花钢化玻璃
❷ 白色玻化砖
❸ 茶色烤漆玻璃
❹ 聚酯玻璃
❺ 黑镜装饰线
❻ 米色大理石
❼ 茶色镜面玻璃
❽ 印花壁纸
❾ 桦木饰面板

1 泰柚木格栅
2 樱桃木金刚板
3 黑镜装饰线
4 米色亚光玻化砖
5 印花壁纸
6 泰柚木金刚板
7 桦木装饰立柱
8 米黄大理石
9 白色亚光玻化砖

❶ 不锈钢条
❷ 艺术墙贴
❸ 布艺软包
❹ 装饰银镜
❺ 印花壁纸
❻ 黑色烤漆玻璃
❼ 银镜装饰线
❽ 泰柚木饰面板
❾ 米色亚光玻化砖

1 布艺软包
2 米色亚光玻化砖
3 装饰银镜
4 米色亚光墙砖
5 泰柚木装饰线
6 米色釉面装饰
7 泰柚木饰面板
8 爵士白大理石
9 灰白网纹玻化砖

❶ 印花壁纸

❷ 米色玻化砖

❸ 木装饰线描银

❹ 灰白网纹大理石

❺ 木质浮雕刷白

❻ 米色亚光墙砖

❼ 米色网纹玻化砖

❽ 直纹斑马木饰面板

❾ 不锈钢条

① 米黄洞石
② 樱桃木饰面板
③ 浮雕艺术墙砖
④ 米色玻化砖
⑤ 木纹大理石
⑥ 装饰灰镜
⑦ 装饰硬包

混搭风格客厅的家具设计

　　客厅中的大件摆设、家具的风格搭配，会直接影响到客厅乃至室内其他功能空间的风格和情调。因此比较适合用来混搭的家具主要有三种：

　　1.设计风格一致，但形态、色彩、质感各不相同的家具，这类家具比较适合在中小户型的客厅内摆设，以形成视觉上的反差。

　　2.色彩不一样，但形态相似的家具，这类家具看起来不会产生非常强烈的对比感，适合面积较大的客厅。

　　3.设计和制作工艺都非常精良的家具，这种家具适合各种混搭空间，但数量不宜过多。

❶ 马赛克

❷ 中花白大理石

❸ 浅咖啡色网纹大理石

❹ 雕花灰镜

❺ 水曲柳饰面板

❻ 灰白网纹玻化砖

❼ 直纹斑马木饰面板

❽ 肌理壁纸

❾ 混纺地毯

❶ 米黄洞石

❷ 彩绘玻璃

❸ 仿古砖

❹ 白枫木饰面板

❺ 白枫木装饰线

❻ 黑胡桃木饰面板

❼ 密度板造型刷白

❽ 木纹大理石

❾ 拓缝黑胡桃木饰面板

① 白色亚光墙砖
② 泰柚木金刚板
③ 有色乳胶漆
④ 泰柚木饰面板
⑤ 雕花银镜
⑥ 白枫木饰面板
⑦ 白色玻化砖
⑧ 马赛克
⑨ 直纹斑马木饰面板

❶ 成品铁艺
❷ 米黄大理石
❸ 装饰银镜
❹ 皮纹砖
❺ 仿古砖拼花
❻ 银镜装饰线
❼ 米色玻化砖
❽ 爵士白大理石
❾ 米色抛光墙砖

❶ 马赛克
❷ 米黄大理石
❸ 深咖啡网纹大理石
❹ 米黄洞石
❺ 黑胡桃木饰面板
❻ 有色乳胶漆
❼ 桦木金刚板
❽ 雕花清玻璃
❾ 装饰灰镜
❿ 爵士白大理石

① 车边黑镜
② 仿古砖
③ 白枫木装饰线
④ 米色玻化砖
⑤ 樱桃木装饰线
⑥ 泰柚木饰面板
⑦ 云纹大理石
⑧ 布艺软包

混搭风格客厅的配饰应该如何选择

　　植物、布艺、小摆设等类装饰品可以彰显主人的个性与意识。混搭客厅内的配饰色彩种类不宜过多，富有生气的植物能给人清新、自然的感觉；布艺制品的巧妙运用能使客厅在整体空间色彩上鲜活起来；别致、独特的小摆设也能反映主人的性情，有时亦能成为空间不可或缺的点缀品。小摆设的材质可以用色彩区分，也可用材质区别开来，想要搭配好配饰的小秘诀就是杜绝随意摆放。在选择各类饰品前，应先作出适当设计，不妨列张购物清单，这样也可避免冲动消费，节省装修费用。

1. 黑色烤漆玻璃
2. 灰白洞石
3. 白色玻化砖
4. 泰柚木格栅
5. 泰柚木金刚板
6. 艺术地毯
7. 装饰灰镜
8. 白枫木装饰线
9. 灰白色玻化砖

① 聚酯玻璃

② 米色网纹大理石

③ 米色网纹玻化砖

④ 木纹大理石

⑤ 密度板造型

⑥ 印花壁纸

⑦ 白色玻化砖

⑧ 石膏板吊顶

⑨ 泰柚木金刚板

❶ 泰柚木金刚板
❷ 黑色烤漆玻璃
❸ 密度板造型刷白
❹ 木纹大理石
❺ 泰柚木装饰横梁
❻ 仿古砖
❼ 白枫木饰面板
❽ 拓缝密度板
❾ 密度板造型贴清玻璃

❶ 直纹斑马木饰面板
❷ 皮纹砖
❸ 印花壁纸
❹ 聚酯玻璃
❺ 桦木装饰立柱
❻ 拓缝石膏板
❼ 印花壁纸
❽ 桦木饰面板
❾ 灰白网纹玻化砖

1 车边茶镜
2 仿古砖
3 木窗棂造型刷白
4 混纺地毯
5 白桦木饰面板
6 聚酯玻璃
7 磨砂玻璃
8 茶色镜面玻璃
9 不锈钢条
10 泰柚木金刚板

① 装饰银镜
② 印花壁纸
③ 雕花烤漆玻璃
④ 木纹大理石
⑤ 黑白根大理石
⑥ 米黄洞石
⑦ 泰柚木搁板
⑧ 米黄色抛光墙砖

如何合理设计混搭风格客厅空间

　　设计面积较大的客厅时，应注意合理分隔，即划分功能区域。混搭风格的客厅合理设计空间尤为重要，按照室内设计的一般规律，想要在大空间内划分功能区，通常采用两种办法，即硬性划分和软性划分。硬性划分主要是通过家具、隔断的设置，将每个功能性空间相对封闭，使其从大空间中独立出来，通常采用推拉门、搁物架等划分。软性划分是目前家庭装修中最常用的分区方式，主要采用"暗示"的手法来划分各个功能区。比如，会客区的地面采用柔软的地毯，其他地面采用防滑地砖等。这种设计虽然没有使用隔断分隔各个功能区，但从地面材料上就可以轻易地给出各个功能区的暗示。

❶ 胡桃木装饰线
❷ 马赛克
❸ 白色玻化砖
❹ 白桦木饰面板
❺ 清玻璃
❻ 印花壁纸
❼ 白橡木金刚板

❶ 装饰灰镜
❷ 米色网纹抛光砖
❸ 直纹斑马木饰面板
❹ 白枫木装饰线
❺ 红砖
❻ 仿古砖
❼ 白枫木饰面板
❽ 白桦木饰面板
❾ 密度板雕花隔板

1. 木造型刷白
2. 茶色烤漆玻璃
3. 黑色烤漆玻璃
4. 肌理壁纸
5. 装饰银镜
6. 米黄大理石
7. 米黄网纹玻化砖
8. 肌理壁纸
9. 艺术地毯

1 车边茶色玻璃

2 雕花银镜

3 桦木金刚板

4 胡桃木饰面板

5 干挂大理石

6 装饰灰镜

7 米黄色网纹玻化砖

8 黑色烤漆玻璃

9 深咖啡色网纹大理石

❶ 米黄大理石雕花
❷ 密度板造型刷白
❸ 米黄网纹玻化砖
❹ 雕花清玻璃
❺ 装饰银镜
❻ 胡桃木装饰线
❼ 白枫木饰面板
❽ 密度板雕花贴清玻璃
❾ 茶色镜面玻璃
❿ 拓缝石膏板

① 钢化清玻璃
② 白枫木格栅
③ 雕花茶色玻璃
④ 印花壁纸
⑤ 深咖啡网纹大理石
⑥ 车边银镜
⑦ 中花白大理石
⑧ 艺术地毯

客厅照明如何设计更健康

　　客厅是家中最大的休闲、活动空间，要求明亮、舒适、温暖。一般客厅会运用主照明和辅助照明的灯光交互搭配，来营造空间的氛围。主照明常见的有吊灯或吸顶灯，使用时需注意上下空间的亮度要均匀，否则会使客厅显得阴暗，使人不舒服。另外，也可以在客厅周围增加隐藏的光源，比如吊顶的隐藏式灯槽，让客厅空间显得更为高挑。

　　客厅的灯光多以黄光为主，光源色温最好在2800~3000K。可考虑将白光及黄光互相搭配，借由光影的层次变化来调配出不同的氛围，营造特别的风格。

　　客厅的辅助照明就是落地灯和台灯，它们是局部照明以及加强空间造型最理想的器材。沙发旁边茶几上的台灯最好光线柔和，有可能的话最好用落地灯作为阅读灯。落地灯虽然方便移动，但电源可不是到处都有，电线到处牵扯也不好看，所以落地灯的位置最好相对固定在一个较小的区域。

❶ 雕花银镜

❷ 深咖啡色网纹大理石

❸ 木纹大理石

❹ 装饰灰镜

❺ 印花壁纸

❻ 米色网纹玻化砖

❼ 浅咖啡网纹大理石

❽ 肌理壁纸

❾ 米色亚光玻化砖

❶ 有色乳胶漆

❷ 印花壁纸

❸ 水曲柳饰面板

❹ 白枫木饰面板

❺ 茶镜装饰线

❻ 黑色烤漆玻璃

❼ 白色抛光墙砖

❽ 黑胡桃木饰面板

❾ 装饰珠帘

❿ 仿古砖

1 浅咖啡色网纹大理石
2 米黄色网纹玻化砖
3 密度板树干造型
4 泰柚木装饰线
5 黑色烤漆玻璃
6 白枫木搁板
7 木纹大理石
8 白枫木饰面板
9 米黄色玻化砖

1 灰白网纹大理石

2 密度板造型刷白

3 白色玻化砖

4 装饰银镜

5 肌理壁纸

6 米色玻化砖

7 黑镜装饰线

8 黑色烤漆玻璃

9 直纹斑马木饰面板

10 米黄洞石

1 木纹大理石

2 羊毛地毯

3 胡桃木格栅

4 文化石

5 文化砖

6 浅咖啡色网纹玻化砖

7 桦木饰面板

8 成品铁艺

9 马赛克

10 仿古砖

① 密度板雕花贴茶镜
② 皮纹砖
③ 装饰银镜
④ 布艺软包
⑤ 艺术墙砖
⑥ 水曲柳饰面板
⑦ 桦木金刚板

如何通过照明更好地烘托客厅氛围

　　客厅作为居室中最主要、使用频率最高、也是最为开敞的空间，在照明设计上，除了有吊灯、吸顶灯、水晶灯等主灯外，还可能会配有壁灯、射灯等。墙面图案的色彩与灯光效果有着密切的关系，不同的灯具有不同的光色，在选择图案的时候，也要适当考虑光色对图案的影响。比如在暖色灯光下，蓝色的图案会变得偏向绿色；在偏冷的日光灯的照射下，则可以选择淡黄色或米色的墙面图案。混搭风格的客厅照明切记要与设计风格、家具风格相协调，不然则会显得很凌乱。

1 雕花清玻璃
2 装饰灰镜
3 中花白大理石
4 绯红网纹大理石
5 米色玻化砖
6 艺术地毯
7 密度板雕花刷白
8 米黄色抛光墙砖
9 浅米色玻化砖
10 深咖啡色网纹大理石

❶ 黑色烤漆玻璃

❷ 桦木饰面板

❸ 黑镜装饰线

❹ 木纹大理石

❺ 皮革软包

❻ 米色玻化砖

❼ 直纹斑马木饰面板

❽ 茶色镜面玻璃

❾ 泰柚木金刚板

1 装饰银镜
2 印花壁纸
3 米黄洞石
4 装饰硬包
5 白色玻化砖
6 聚酯玻璃
7 黑色烤漆玻璃
8 银镜装饰线
9 云纹大理石
10 黑镜装饰线

- ❶ 桦木装饰线
- ❷ 桦木金刚板
- ❸ 条纹壁纸
- ❹ 泰柚木装饰线
- ❺ 米色抛光墙砖
- ❻ 白色玻化砖
- ❼ 黑色烤漆玻璃
- ❽ 密度板雕花贴黑镜
- ❾ 木纹壁纸
- ❿ 羊毛地毯

1 灰白洞石

2 装饰灰镜

3 雕花银镜

4 米色亚光墙砖

5 皮革软包

6 米色玻化砖

7 车边银镜

8 米黄大理石

9 仿古砖

① 密度板雕花隔断
② 印花壁纸
③ 条纹壁纸
④ 装饰茶镜
⑤ 密度板装饰线
⑥ 仿古砖

如何选购实木地板

1.地板的含水率：我国不同地区含水率要求均不同，国家标准所规定的含水率为10％～15％。购买时先测展厅中选定的木地板含水率，然后再测未开包装的同材种、同规格的木地板含水率，如果相差在2％以内，可认为合格。

2.观测木地板的精度：用10块地板在平地上拼装，用手摸、眼看其加工质量精度，光洁度是否平整、光滑，榫槽配合、安装缝隙、抗变形槽等拼装是否严实合缝。

3.挑选板面、漆面质量：油漆分紫外光漆、聚氨酯漆两种。一般来说，含油脂较高的地板如柏木、蚁木、紫心苏木等需要用聚氨酯漆，用紫外光漆会出现脱漆起壳现象。选购时关键看烤漆漆膜光洁度，有无气泡、漏漆等现象以及其耐磨度等。

❶ 泰柚木饰面板
❷ 茶色镜面玻璃
❸ 浅灰色抛光砖
❹ 黑色烤漆玻璃
❺ 米黄网纹大理石
❻ 白色玻化砖
❼ 雕花茶色烤漆玻璃
❽ 爵士白大理石
❾ 聚酯玻璃
❿ 白色亚光玻化砖

① 装饰灰镜

② 印花壁纸

③ 马赛克

④ 中花白大理石

⑤ 黑镜装饰线

⑥ 桦木饰面板

⑦ 米色玻化砖

⑧ 木纹抛光墙砖

⑨ 白枫木饰面板

⑩ 红樱桃木饰面板

❶ 黑色烤漆玻璃
❷ 木纹大理石
❸ 雕花清玻璃
❹ 米色网纹玻化砖
❺ 胡桃木装饰线
❻ 米色亚光玻化砖
❼ 雕花银镜
❽ 白枫木装饰线
❾ 装饰银镜
❿ 密度板雕花贴清玻璃

❶ 印花壁纸
❷ 泰柚木金刚板
❸ 密度板雕花贴清玻璃
❹ 装饰灰镜
❺ 深咖啡色大理石
❻ 实木装饰线密排
❼ 黑色烤漆玻璃
❽ 白枫木饰面板

❶ 印花壁纸
❷ 米色玻化砖
❸ 肌理壁纸
❹ 混纺地毯
❺ 成品铁艺
❻ 米色亚光墙砖
❼ 米色亚光玻化砖
❽ 黑色烤漆玻璃
❾ 桦木饰面板
❿ 米色网纹玻化砖

❶ 米色亚光玻化砖
❷ 泰柚木饰面板
❸ 白色玻化砖
❹ 密度板造型刷白
❺ 混纺地毯
❻ 印花壁纸

客厅布局省钱法

　　事实上，传统的客厅装修是不省钱的。客厅的传统布局大多是电视背景墙的对面放两三张沙发，中间摆一个茶几。这种方式显得较为克板、单调，而且装修电视背景墙和沙发背景墙用的建材和工费也都比较昂贵。如果改掉这种呆板的布局方式，另换一种灵活且更有氛围的方式，不仅可以省去不少装修的花费，还能享受新鲜而健康的生活方式。例如，将电视机从墙上"搬"下来，放在一个带有滑轮、方便移动的带抽屉的电视柜上，可以随意地放置在墙角，而沙发也可以根据会客、聊天的需要改换摆放布局的形式。

1 米黄洞石
2 黑镜装饰线
3 浅咖啡色网纹玻化砖
4 印花壁纸
5 米色玻化砖
6 白枫木装饰线
7 装饰硬包

1 红樱桃木饰面板

2 绯红网纹大理石

3 仿古砖

4 白枫木饰面板

5 桦木金刚板

6 米白色墙砖

7 米色玻化砖

8 车边茶镜

9 仿木纹墙砖

10 泰柚木搁板

11 白色玻化砖

❶ 茶色镜面玻璃
❷ 彩绘玻璃
❸ 直纹斑马木饰面板
❹ 车边银镜
❺ 桦木金刚板
❻ 白枫木装饰立柱
❼ 仿古砖
❽ 马赛克
❾ 白色玻化砖

1 印花壁纸

2 泰柚木金刚板

3 密度板雕花贴茶镜

4 仿古砖

5 装饰灰镜

6 白色皮纹砖

7 不锈钢条

8 深灰色亚光墙砖

9 木纹玻化砖

❶ 白枫木格栅
❷ 有色乳胶漆
❸ 雕花茶色玻璃
❹ 印花壁纸
❺ 石膏板吊顶
❻ 白枫木饰面板
❼ 桦木金刚板
❽ 白枫木搁板
❾ 胡桃木饰面板

- ❶ 不锈钢条
- ❷ 灰白网纹玻化砖
- ❸ 密度板雕花贴清玻璃
- ❹ 车边茶镜
- ❺ 米色亚光玻化砖
- ❻ 白枫木饰面板
- ❼ 米色玻化砖

如何选购射灯

变压器和灯具是射灯最重要的部件，所以选购的重点要放在变压器和灯具上。

1.优质变压器和灯具搭配出来的亮度和效果比普通的要好很多。首先要拆开变压器的外壳看里面电路板和线圈的大小，电路板大则元件的排列要稀一些，增强散热性；线圈的大小则决定了射灯的亮度和寿命，所以线圈的大小最重要。

2.灯具的选购主要就是看灯丝，优质灯具用的是竖式结构，普通灯具采用的是横式结构。另外就是灯具的聚光性，因为射灯是作定向照明，所以聚光性很重要。这个可以通过两个灯具来做对比。

❶ 木纹大理石
❷ 装饰灰镜
❸ 茶镜装饰线
❹ 印花壁纸
❺ 白色玻化砖
❻ 泰柚木踢脚线
❼ 仿古砖

① 布艺软包
② 深咖啡网纹大理石
③ 车边茶镜
④ 米黄大理石
⑤ 白色玻化砖
⑥ 雕花茶色玻璃
⑦ 条纹壁纸
⑧ 印花壁纸
⑨ 泰柚木金刚板

- ❶ 水曲柳饰面板
- ❷ 雕花清玻璃
- ❸ 沙比利金刚板
- ❹ 黑镜装饰线
- ❺ 木纹玻化砖
- ❻ 泰柚木装饰立柱
- ❼ 白色玻化砖
- ❽ 雕花茶色镜面玻璃
- ❾ 仿古砖

1 雕花清玻璃

2 黑镜装饰线

3 黑色烤漆玻璃

4 白桦木金刚板

5 木装饰线描金

6 印花壁纸

7 深咖啡色大理石

8 装饰银镜

9 马赛克

10 仿古砖

1 马赛克

2 泰柚木搁板

3 黑色烤漆玻璃

4 灰色亚光墙砖

5 爵士白大理石

6 茶色镜面玻璃

7 米色网纹玻化砖

8 印花壁纸

9 泰柚木雕花隔断

10 深咖啡色网纹玻化砖

① 密度板雕花贴黑镜
② 泰柚木金刚板
③ 黑色烤漆玻璃
④ 白枫木饰面板
⑤ 仿古砖
⑥ 车边银镜
⑦ 爵士白大理石
⑧ 白色玻化砖

如何选购藤家具

1.细看材质,如藤材表面起皱纹,说明该家具是用幼嫩的藤加工而成,韧性差、强度低,容易折断和腐蚀。藤艺家具用材讲究,除用云南的藤以外,好多藤材来自印度尼西亚、马来西亚等东南亚国家,这些藤质地坚硬,首尾粗细一致。

2.用力搓搓藤杆的表面,特别注意节位部分是否有粗糙或凹凸不平的感觉。印度尼西亚地处热带雨林地区,终年阳光雨水充沛,火山灰质土壤肥沃,那里出产的藤以材质饱满匀称而著称。

3.可以双手抓住藤家具边缘,轻轻摇一下,感觉一下框架是不是稳固;看一看家具表面的光泽是不是均匀,是否有斑点、异色和虫蛀的痕迹。

1 雕花银镜
2 白枫木饰面板
3 羊毛地毯
4 米色网纹玻化砖
5 水曲柳饰面板
6 装饰灰镜
7 仿古砖
8 不锈钢条

① 木纹壁纸

② 灰色玻化砖

③ 黑镜装饰线

④ 白色乳胶漆

⑤ 黑胡桃木饰面板

⑥ 茶色镜面玻璃

⑦ 仿古砖

⑧ 装饰灰镜

⑨ 米黄洞石

❶ 中花白大理石
❷ 白色抛光墙砖
❸ 白色亚光玻化砖
❹ 印花壁纸
❺ 艺术地毯
❻ 不锈钢条
❼ 白枫木搁板
❽ 黑胡桃木格栅
❾ 米黄色玻化砖

1 中花白大理石
2 密度板雕花贴清玻璃
3 聚酯玻璃
4 密度板雕花贴黑镜
5 黑白根大理石
6 装饰银镜
7 马赛克
8 木纹玻化砖
9 有色乳胶漆
10 仿古砖

1 黑色烤漆玻璃

2 雕花清玻璃

3 钢化玻璃

4 黑胡桃木装饰线

5 木质窗棂造型贴清玻璃

6 桦木饰面板

7 茶色镜面玻璃

8 木纹大理石

9 印花壁纸

10 木纹玻化砖

❶ 白枫木饰面板
❷ 桦木金刚板
❸ 拓缝石膏板
❹ 皮纹砖
❺ 茶镜装饰线
❻ 水曲柳饰面板

如何节省客厅空间

客厅中心区域是沙发、茶几的天下，如果客厅空间小，可以从这些常规的家具中找些收纳杂物的空间。

1.分层茶几和边桌。选择多层的茶几能让物品分门别类放置，存放和拿取都十分方便。高低不等的三层边桌能延伸面积，即使来了很多客人，也能有宽敞的放茶具的地方。

2.多用途的储物脚凳。在客厅多准备几个可以储物的脚凳，毛毯、靠垫甚至被子都可以塞在里面，应急时还能当茶几用。

1 黑镜装饰线

2 白枫木饰面垭口

3 密度板雕花贴清玻璃

4 米黄网纹玻化砖

5 木纹大理石

6 皮革软包

7 深咖啡网纹大理石

❶ 茶色烤漆玻璃

❷ 石膏板雕花

❸ 黑色烤漆玻璃

❹ 米黄色玻化砖

❺ 装饰灰镜

❻ 浅咖啡网纹大理石

❼ 彩绘玻璃

❽ 装饰银镜

❾ 灰白洞石

① 青灰洞石
② 米色网纹玻化砖
③ 镜面马赛克
④ 聚酯玻璃
⑤ 木纹大理石
⑥ 胡桃木装饰线
⑦ 米色玻化砖
⑧ 米黄网纹大理石
⑨ 密度板雕花贴银镜
⑩ 银镜装饰线

1 白枫木装饰线

2 仿古砖

3 有色乳胶漆

4 米色玻化砖

5 艺术墙砖

6 雕花茶色玻璃

7 泰柚木饰面板

8 聚酯玻璃

9 米黄网纹玻化砖

1 雕花银镜

2 雕花清玻璃

3 石膏装饰线

4 米黄大理石

5 装饰银镜

6 密度板雕花贴银镜

7 肌理壁纸

8 米色网纹玻化砖

9 水曲柳饰面板

10 爵士白大理石

11 泰柚木饰面板

① 石膏板云纹浮雕
② 雕花灰镜
③ 茶色镜面玻璃
④ 米黄洞石
⑤ 装饰灰镜
⑥ 灰白洞石

客厅吊顶的色彩设计

1.吊顶颜色不能比地板深：顶面色彩，一般不超过三种颜色。选择吊顶颜色的最基本法则，就是色彩最好不要比地板深，否则很容易有头重脚轻的感觉。如果墙面色调为浅色系列，用白色吊顶比较合适。

2.墙面色彩强烈最适合用白色吊顶：一般而言，使用白色吊顶是最不容易出错的做法，尤其是当墙面已有强烈色彩的时候，吊顶选用白色就不会干扰原本要强调的墙面色彩，否则很容易因为色彩过多而产生紊乱的感觉。

3.吊顶选色参考的因素：选择吊顶色彩一般需要考察瓷砖的颜色与橱柜的颜色，以协调、统一为原则；深色块面一般作为点缀，除非是设计师特意设计的风格。

1 爵士白大理石
2 深咖啡网纹大理石
3 中花白大理石
4 有色乳胶漆
5 混纺地毯
6 装饰灰镜
7 彩绘玻璃
8 泰柚木饰面板

① 雕花黑镜
② 印花壁纸
③ 灰白网纹亚光地砖
④ 密度板雕花贴清玻璃
⑤ 白色抛光墙砖
⑥ 白枫木饰面板
⑦ 水曲柳饰面板
⑧ 红樱桃木饰面板
⑨ 桦木金刚板
⑩ 红砖

① 雕花茶镜

② 皮革软包

③ 密度板雕花刷白

④ 拓缝白枫木饰面板

⑤ 米黄色亚光墙砖

⑥ 雕花银镜

⑦ 石膏板浮雕

⑧ 白色亚光玻化砖

⑨ 爵士白大理石

❶ 灰白网纹大理石

❷ 仿古砖

❸ 茶色镜面玻璃

❹ 米黄洞石

❺ 泰柚木装饰线

❻ 泰柚木饰面板

❼ 车边银镜

❽ 米色亚光墙砖

❾ 米黄色玻化砖

❿ 爵士白大理石

⓫ 灰白网纹玻化砖

1 茶镜装饰线
2 印花壁纸
3 泰柚木金刚板
4 车边银镜
5 浅咖啡网纹大理石
6 白色亚光墙砖
7 米色玻化砖
8 密度板雕花贴黑镜
9 黑色烤漆玻璃
10 灰白网纹玻化砖

① 黑色烤漆玻璃
② 米色玻化砖
③ 布艺软包
④ 泰柚木格栅
⑤ 泰柚木饰面板
⑥ 米黄色玻化砖

如何选购绿色强化木地板

1.甲醛释放量测定：选用密封性能好的大口瓶子，锯切同样大小的几个备选品牌的样板，放入不同瓶子中，密封24小时后打开瓶子，逐一闻闻，就可以比较出哪个品牌的地板甲醛释放量小了。

2.表面耐磨程度：用180号砂纸（砂纸粗细问题不大），同一个人，用同样的力气和方法，连续来回摩擦地板的同一个地方50次左右。没有三氧化二铝的地板，很可能木纹纸会严重破损。46克耐磨纸的地板，表面基本不会有严重的划痕；38克或更低克数的耐磨纸，表面会有不同程度的磨损。

3.吸水厚度膨胀率：锯切大小近似的备选样板，编号后，放入开水中，5~8分钟。拿出来比较它们边缘的膨胀程度。最好事先用千分尺，测量样板的测点厚度，做出标记。经过开水浸泡后，拿出来再测量其厚度，可以计算出开水浸泡后，相对的地板吸水后的膨胀率。

1 米色亚光墙砖
2 泰柚木金刚板
3 装饰硬包
4 茶色镜面玻璃
5 黑胡桃木饰面板
6 灰白洞石
7 密度板雕花
8 红樱桃木金刚板

1 黑色烤漆玻璃
2 白枫木格栅
3 泰柚木金刚板
4 不锈钢条
5 黑镜装饰线
6 布艺软包
7 成品铁艺隔断
8 木装饰线描银
9 仿古砖

1 米黄大理石
2 桦木装饰立柱
3 车边银镜
4 皮革软包
5 爵士白大理石
6 印花壁纸
7 马赛克
8 银镜装饰线
9 白色玻化砖

1 皮纹砖

2 米黄色玻化砖

3 印花壁纸

4 密度板雕花贴清玻璃

5 黑色烤漆玻璃

6 白枫木饰面板

7 桦木金刚板

8 胡桃木窗棂造型

9 爵士白大理石

1 拓缝密度板
2 泰柚木饰面板
3 雕花黑镜
4 黑镜装饰线
5 米色网纹大理石
6 印花壁纸
7 白色抛光墙砖
8 雕花灰镜
9 茶色玻璃
10 米色网纹玻化砖

① 黑色烤漆玻璃
② 白枫木饰面板
③ 艺术墙贴
④ 黑白根大理石
⑤ 泰柚木饰面板
⑥ 仿古砖

如何选择客厅壁纸

　　如果房间显得空旷或者格局较为单一，可以选择鲜艳的暖色，搭配大花图案满墙铺贴。暖色可以起到拉近空间距离的作用，而大花朵图案的满墙铺贴，可以营造出花团锦簇的效果。

　　对于面积较小的客厅，使用冷色壁纸会使空间看起来更大一些。此外，使用一些亮色或者浅淡的暖色加上一些小碎花图案的壁纸，也会达到这种效果。中间色系的壁纸加上点缀性的暖色小碎花，通过图案的色彩对比，也会巧妙地转移人们的视线，在不知不觉中扩大了原本狭小的空间。

1 深咖啡网纹大理石
2 马赛克
3 米色网纹玻化砖
4 浅咖啡网纹大理石
5 黑色烤漆玻璃
6 白枫木装饰线
7 有色乳胶漆
8 仿古砖

1 装饰灰镜
2 白枫木装饰线
3 米黄洞石
4 米色玻化砖
5 装饰硬包
6 仿古砖
7 白枫木饰面板
8 茶色镜面玻璃
9 米黄色玻化砖

❶ 白枫木饰面板

❷ 雕花银镜

❸ 木纹大理石

❹ 桦木金刚板

❺ 雕花灰镜

❻ 米黄洞石

❼ 装饰黑镜

❽ 印花壁纸

❾ 米色玻化砖